CATALOGUE

DES ESPÈCES ET VARIÉTÉS

DE ROSES,

CULTIVÉES PAR M. BIZARD,

PROPRIÉTAIRE A MILLE-PIEDS, PRÈS ANGERS (MAINE ET LOIRE).

Numéros d'ordre.		1re année de floraison.	PRIX. Greffés.	PRIX. Francs.
	ARVENSES.			
1	Arvensis.			
2	ovata.			
	ALPINENSES.			
3	Alpina simplex.			
4	pyrenaïca.			
5	plena.			
	HUDSONNIANÆ.			
6	Hudsonniana simplex.			
7	inermis.			
	CINNAMOMEÆ.			
8	Cinnamomea simplex.			
9	variegata.			
10	nova (semis).			
11	plena.			
12	Marylandica simplex.			
13	Pendulina.			
14	Virginiana.			
15	Carolina.			

Numéros d'ordre.		1re année de floraison.	PRIX. Greffés.	Francs.
	LUCIDÆ.			
16	Lucida simplex.			
17	duplex.			
18	novo (semis).			
19	fraxinifolia.			
20	Pensilvanica simplex.			
21	plena.			
	VILLOSÆ.			
22	Villosa pomifera simplex.			
23	duplex.			
24	variegata.			
25	plena.			
26	terebentinacea.			
27	Evratina.			
28	Tomentosa simplex.			
29	semiduplex.			
30	variegata.			
	COLLINÆ.			
31	Collina simplex.			
32	fetida.			
	HISPIDÆ.			
33	Hispida simplex.			
34	tomentosa.			
35	variété.			
	BANÇKSIENENSES.			
36	Bancksiana.			

Numéros d'ordre.		1re année de floraison.	PRIX. Greffés.	Francs.
	LEVIGATÆ.			
37	Rosa trifoliata.			
	FLORIDÆ.			
38	Multiflora rosea.			
39	sub-alba.			
40	alba.			
41	platiphilla.			
	MONTANÆ.			
42	Eglanteria lutea.			
43	punicea.			
44	rubra.			
45	rosea minor.			
46	rose tulipe.			
47				
	CYNORRHODONENSES.			
48	Canina simplex.			
49	duplex.			
50	Andegavensis rosea.			
51	Leukokroa.			
	BRACTEATÆ.			
52	Rosa bracteata.			
	TURBINATÆ.			
53	Turbinata franco-furtensis.			
54	variété.			
55	rose pavot.			

Numéros d'ordre.		1re année de floraison.	PRIX.	
			Greffés.	Francs.
	TURBINATÆ.			
56	Rapa simplex.			
57	duplex.			
58	Sulphurea plena.			
59	pumila.			
	SYNSTILÆ.			
60	Sempervirens.			
61	balearica.			
62	Moschata simplex.			
63	semiduplex.			
64	plena.			
65	prolifera.			
66	Nivea simplex.			
	KAMCHATICÆ.			
67	Kamchatica.			
68	eschinata.			
	GLANDULOSÆ.			
69	Rubiginosa simplex.			
70	variété.			
71	semiduplex.			
72	plena.			
73	major.			
74	persicifolia.			
75	petite hissoise.			
76	à odeur de fruit cuit.			
77	précieuse agathe.			
78	zabeth.			
79	Cretica simplex.			
80				
81				
82				

Numéros d'ordre.		1re année de floraison.	PRIX. Greffés.	PRIX. Francs.
	SPINOSISSIMÆ.			
83	Spinosissima alba simplex.			
84	sulphurea.			
85	bachipoda.			
86	hortentia.			
87	elatior.			
88	rubrispina.			
89	variété.			
90	Pimpinellifolia alba simplex.			
91	duplex.			
92	rosea simplex.			
93	duplex.			
94	nankinensis.			
95	Estelle.			
96	lutea.			
97	nigra, rose du Missouri.			
98	semperflorens.			
99	Reduteana rubescens.			
100	glauca.			
101				
102				
103				
104				
	ALBÆ.			
105	Alba simplex.			
106	semiduplex.			
107	pavot blanc.			
108	plena.			
109	crispifolia.			
110	virginalis.			
111	nova cœlestis.			
112	duplex.			
113	incarnata pallens.			
114	carnea cuisse de nymphe.			
115	émue.			

ALBÆ.

Numéros d'ordre.		1re année de floraison.	PRIX. Greffés.	Francs.
116	Alba carnea cuisse de nymphe petite.			
117	regia.			
118	suprema.			
119	imperialis (semis).			
120	carnea semiplena.			
121	incarnata (Dupont).			
122	plena, l'Elisa.			
123	petite Joséphine.			
124	aurata, belle aurore.			
125	princesse (semis.)			
126	pudenda, rose aimée.			
127	virens.			
128	cymbæfolia.			
129	belle Thérèse.			
130	pompon bazar.			
131	foliis acuminatis.			
132	flore variegato.			
133	cochleata.			
134				
135				
136				
137				
138				
139				
140				
141				
142				

CENTIFOLIÆ.

Numéros d'ordre.		1re année de floraison.	PRIX. Greffés.	Francs.
143	Centifolia simplex rosea.			
144	carnea.			
145	semiduplex rosea.			
146	duplex.			
147	plena.			
148	rose chou.			

Numéros d'ordre.	CENTIFOLIÆ.	1re année de floraison	PRIX. Greffés.	Francs.
149	Centifolia crispifolia.			
150	crispiflora.			
151	maxima, rose des peintres.			
152	variété			
153	autre v.			
154	vilmorina.			
155	variegata.			
156	purpurea.			
157	du Lude.			
158	parva petalis crispis.			
159	rubra.			
160	rubro radiata.			
161	incarnata major.			
162	carnea duplex.			
163	variegata.			
164	rose unique.			
165	rose.			
166	Clementine.			
167	rose vierge.			
168	quercifolia.			
169	bipinnata.			
170	bullata.			
171	subrotundifolia crenata.			
172	anemonæ flora.			
173	nova.			
174	unguiculata.			
175	subapetala.			
176	foliacea.			
177	prolifera.			
178	de Hesse.			
179	la constance.			
180	de la Malmaison.			
181	de Chelles.			
182	grosse cent feuilles pommée.			
183	petite cent feuilles pommée.			
184	belle Julie.			

Numéros d'ordre.	CENTIFOLIÆ.	1re année de floraison.	PRIX. Greffés.	PRIX. Francs.
185	Centifolia petite Hollande.			
186	bois de cent feuilles.			
187	fasciculata.			
188	nouvelle carnée.			
189	rose de Naples.			
190	Esther.			
191	de Caen.			
192	d'Avranches.			
193	Descemet.			
194	nouvelle anglaise.			
195	la passable.			
196	toute aimable.			
197	Agathe Clarice.			
198	la mère Gigogne.			
199	rose des princes.			
200	aimable rouge.			
201	rose Bathilde.			
202	rosette.			
203	crépue du roi.			
204	variété pâle.			
205	la Junon.			
206	unique de Provence.			
207	Jenny rose.			
208	nova superfine.			
209	violacea.			
210	nº 4 de Hollande.			
211	nº 44.			
212	unguiculata, variété.			
213	pourpre foncée.			
214	anonyme.			
215	pompon à grandes fleurs.			
216	rose Sophie.			
217	Aline.			
218	rosea lævis.			
219	rose Laure.			
220	Marine.			

Numéros d'ordre.	CENTIFOLIÆ.	1re année de floraison.	PRIX. Greffés.	PRIX. Francs.
221	Centifolia rose Louisa.			
222	triomphe d'entreprise.			
223	nouvelle hâtive.			
224	aimée.			
225	rose auguste.			
226	calendaire.			
227	rose Henry.			
228	de Pronville.			
229	de Calsruche.			
230	Kingston.			
231	pompon de Bordeaux.			
232	nouveau Bourgogne.			
233	carnea nova.			
234	rose Elmire.			
335				
236				
237				
238				
239	Centifolia muscosa simplex.			
240	carnea duplex.			
241	rosea plena.			
242	rubra.			
243	variegata.			
244	alba.			
245	pompon.			
246				
247	Hollandica magna.			
248	parva.			
249				
250				
251	Belgica rubra.			
252	roseau.			
253	argentea.			
254				
255				
256				

Numéros d'ordre.		1re année de floraison.	PRIX. Greffés.	Francs.
	POMPONIANÆ.			
257	Pomponia carnea elatior.			
258	minor.			
259	pumila.			
260	subsimplex.			
261	rubra minor.			
262	petite mignonc.			
263	rubra pumila.			
264				
265				
	SEMPERFLORENTES.			
266	Damascena simplex.			
267	nivea rose Henriette.			
268	carnea nova.			
269	virginalis.			
270	nova variegata.			
271	punctata.			
272	Yorck et Lancastre.			
273	virginalis nova.			
274	Felicité.			
275	cadette.			
276	elongata.			
277	rubra.			
278	grande Cels.			
279	Italica.			
280	Lasthénie.			
281	sans épines.			
282	parisienne.			
283	argentea.			
284	Achatinæ folia.			
285	nouvelle variété.			
286	petite aimée.			
287	nova pulchra.			
288	nouvelle Elisa.			
289	beau choix.			

SEMPERFLORENTES.

Numéros d'ordre.		1re année de floraison.	PRIX. Greffés.	PRIX. Francs.
290	Damascena belle auguste.			
291	Eugenia.			
292	pomponia.			
293	venusta.			
294	beauté tendre.			
295	rose de Millet.			
296	Adelina.			
297	de Puteaux.			
298	Honorine.			
299	Lebreton.			
300	Delâage.			
301	nouvelle Aline.			
302	Anaïs.			
303	Virginie.			
304	amitié.			
305	Aminthe.			
306				
307				
308				
309				
310	Bifera rosea plena.			
311	rose gracieuse.			
312	Macro-Carpa rose glorieuse.			
313	perpetua.			
314				
315				
316				
317				
318	Portlandica rosea semiduplex.			
319	plena.			
320	rubra semiduplex.			
321	plena rose du Roi.			
322				
323				
324				

Numéros d'ordre.		1re année de floraison.	PRIX. Greffés.	Francs.

GALLICÆ.

325	Gallica simplex.			
326	semiduplex rosea.			
327	rubra.			
328	purpurea.			

A.

329	Gallica argentea.			
330	atro purpurea plena.			
331	agathe pyramidale.			
332	Archevêque de Cambray.			
333	aigle cramoisie.			
334	pourpre.			
335	noir.			
336	assemblage de beautés.			
337	ardoisée.			
338	amour bizarre.			
339	Aglaé de Marcilly.			
340	angelica major.			
341	Angélique.			
342	Aglaé.			
343	aimable violette.			
344				
345	nouvelle.			
346	panachée.			
347	à grands bouquets.			
348	Adèle Heu.			
349	Amélie.			
350	Alphonsine.			
351				

B.

Numéros d'ordre.		1re année de floraison.	PRIX. Greffés.	PRIX. Francs.
352	Gallica Bishops.			
353	belle violette.			
354	mignonne.			
355	native.			
356	forme cramoisie.			
357	brunette.			
358	Junon.			
359	brune.			
360	parade claire incarnate.			
361	Victoire.			
362	Flore.			
363	sans flatterie.			
364	miniature.			
365	en deuil.			
366	cramoisie.			
367	nouvelle.			
368	panachée.			
369	nouvelle.			
370	amaranthe.			
371	brillante éclatante.			
372	bouquet charmant.			
373	parfait.			
374	crispé.			
375	d'Italie.			
376	bizarre triomphant vrai.			
377	faux.			
378	beauté suprême rouge.			
379	frappante.			
380	brune.			
381	renommée fausse.			
382	mignonne.			
383	parfaite.			
384	suprême rouge.			
385	beauté choisie.			
386	incomparable.			
387	beau pourpre très-double.			

Numéros d'ordre.	GALLICÆ.	1re année de floraison.	PRIX Greffés.	Francs.
388	Gallica beau pourpre.			
389	bijou.			
390	carmélite.			
391	bijou neuf.			
392	blood d'Angleterre.			
393	bonne Adèle.			
394	brunette aimable pourpre.			
395				
396				
	C.			
397	Gallica cramoisie, rouge, vive, grande.			
398	veloutée.			
399	cramoisie pleine.			
400	éblouissante.			
401	à longues fleurs.			
402	triomphante.			
403	brillante.			
404	grande et belle.			
405	chérie.			
406	Cléopâtre.			
407	couleur cerise.			
408	de merise.			
409	gorge de pigeon.			
410	comtesse de Genlis.			
411	cramisina.			
412	Champfleury.			
413	carné frais et vif.			
414	croix d'honneur.			
415	cerise pourprée.			
416	centifoliæ flora.			
417	coquelicot.			
418	coquelicot pourpre.			
419	coccinea.			

GALLICÆ.

Numéros d'ordre.		1re année de floraison.	PRIX. Greffés.	Francs.
420	Gallica carmin brillant.			
421	couronne impériale.			
422				
423				
424				
425				
426				
427				

D.

Numéros d'ordre.		1re année de floraison.	PRIX. Greffés.	Francs.
428	Gallica dicta reginæ.			
429	duchesse d'Agoulême.			
430	de Château-du-Loir.			
431	délicieuse.			
432	douceur touchante.			
433				
434				
435				
436				
437				

E.

Numéros d'ordre.		1re année de floraison.	PRIX. Greffés.	Francs.
438	Gallica erubescens.			
439	Euphrosine ou sa hautesse.			
440	écaille de poisson.			
441	entreprise première.			
442	évêque d'Anjou.			
443	d'Ypres.			
444	épiscopale.			
445	ex albo violacea crispa.			
446	Elisa Descemet.			
447				

Numéros d'ordre.		1re année de floraison.	PRIX. Greffés.	Francs.
	GALLICÆ.			
448				
449				
450				
451				
	F.			
452	Gallica fleur de pomme pâle.			
453	feu amoureux.			
454	superbe.			
455	faux Alexandre.			
456	fraîcheur de quinze ans.			
457	fuscata.			
458	fulgens.			
459	fausse Constance.			
460	Fanny.			
461				
462				
463				
464				
465				
	G.			
466	Gallica grand monarque.			
467	Alexandre.			
468	Pompadour.			
469	Dauphin.			
470	pourpre.			
471	pavot rouge.			
472	pourpre bichon.			
473	grande violette			
474	pyramidale.			
475	marbrée.			

Numéros d'ordre.		1re année de floraison.	PRIX. Greffés.	PRIX. Francs.

GALLICÆ.

476	Gallica grande fleur.			
477	carmoisie.			
478	feu très-grand.			
479	gros pavot.			
480	carmelite.			
481	double velouté.			
482	gros pompon de Bourgogne.			
483	grosse tour.			
484	brune.			
485	grandesse royale.			
486	gigantea.			
487	Gracieuse (fausse).			
488	grande cramoisie feu grand.			
489				
490				
491				
492				

H.

493	Gallica holosericea nova.			
494	purpurea.			
495	hollande foncée.			
496				
497				

I. J.

498	Gallica Josephiniana nova.			
499	illustre Porte.			
500				
501				

Numéros d'ordre.		1re année de floraison.	PRIX. Greffés.	Francs.
	L.			
502	Gallica la ravissante.			
503	la tendresse.			
504	l'ombre noire.			
505	superbe.			
506	sans pareille.			
507	panachée.			
508	lilas tendre.			
509	la violettée.			
510	la civilité.			
511	la blondine.			
512	la pourpre foncée.			
513	l'obscurité.			
514	la victoire.			
515	le triomphe.			
516	l'éclatante.			
517	la royale.			
518	la caracea.			
519	la grandeur.			
520	la coquette.			
521				
522				
523				
524				
525				
	M.			
526	Gallica mahéca.			
527	marbrée.			
528	moirée royale.			
529	micans.			
530	morlion.			
531	manteau royal.			
532	pourpre royal.			
533	d'archevêque.			

GALLICÆ.

Numéros d'ordre.		1re année de floraison.	PRIX. Greffés.	Francs
534	Gallica mulatresse.			
535	mignonnette.			
536	magnifique.			
537	merveille.			
538	mordorée.			
539	multiflore pourpre.			
540				
541				
542				
543				
544				
545				

N.

Numéros d'ordre.		1re année de floraison.	PRIX. Greffés.	Francs
546	Gallica noir de Hollande.			
547	nouveau triomphe.			
548	nouvelle Rosine.			
549	précoce.			
550	Victoire.			
551	anémone.			
552	nouvelle Victorine.			
553	nigritienne.			
554	nouveau triomphant.			
555	pourpre.			
556	nigritiana pourpre mourant obscur.			
557	Africana.			
558	Descemet.			
559	nakarate fort belle.			
560	nigerrima.			
561	nigra superba.			
562	nigricans.			
563	nova rubra.			
564	noir velouté.			
565				

Numéros d'ordre.	GALLICÆ.	1re année de floraison.	PRIX. Greffés.	PRIX. Francs.
566				
567				
568				
569				
	O.			
570	Gallica ornement de parade.			
571	variété.			
572	de la nature.			
573	variété.			
574	des noires.			
575				
576				
577				
	P.			
578	Callica pourpre charmant.			
579	royal.			
580	agréable.			
581	prolifere.			
582	favorite.			
583	vive.			
584	à cœur vert.			
585	velouté.			
586	nouvelle.			
587	crispé.			
588	incomparable.			
589	belle violette.			
590	frappant.			
591	nuancé.			
592	brillant.			
593	charmant.			

GALLICÆ.

Numéros d'ordre.		1re année de floraison.	PRIX. Greffés.	Francs.
594	Gallica pourpre cramoisi.			
595	chiné.			
596	violette.			
597	impériale.			
598	suprême.			
599	invincible.			
600	panachée.			
601	petite pourprée nuancée.			
602	panachée.			
603	mignonne vraie.			
604	pourprée.			
605	Julie.			
606	Caroline.			
607	violette.			
608	éclatante.			
609	petit carmin.			
610	feu.			
611	cramoisi brillant.			
612	prédestinée.			
613	pomme de grenade.			
614	plena subnigra.			
615	pivoine des Hollandais.			
616	prolifera.			
617	panachée admirable.			
618	superbe.			
619	pavot violet.			
620	superbe.			
621	pourpré.			
622	rouge.			
623	rose.			
624	tendre.			
625	pinnata.			
626	prolifère pourprée.			
627	Parisienne.			
628	pompon Zoé.			
629	pourpré.			

Numéros d'ordre.		1re année de floraison.	PRIX. Greffés.	Francs.
	GALLICÆ.			
630	Gallica pompon rouge nouveau.			
631	rose.			
632	carné vif.			
633	à grandes fleurs.			
634	carminé.			
635	perle de l'orient.			
636	brillante.			
637	éclatante.			
638	de Weisseimslein.			
639	plaisante de Hollande.			
640	pourprée.			
641	passe-princesse.			
642				
643				
644				
645				
646				
	R.			
647	Gallica rouge formidable.			
648	vif.			
649	tendre.			
650	tardive éblouissante.			
651	brillante.			
652	feu.			
653	sans pareille.			
654	agréable.			
655	renoncule.			
656	marginée.			
657	nouvelle.			
658	double.			
659	violette.			
660	noire.			
661	reine des noires.			

Numéros d'ordre.	GALLICÆ.	1re année de floraison.	PRIX. Greffés.	PRIX. Francs.
662	Gallica reine des violettes.			
663	rubriflora.			
664	riche pourpre.			
665	Rosalia.			
666	rex rubrorum.			
667	riche des pourpres.			
668	rosea plena.			
669	rivale des violettes.			
670	recoquillée.			
671	rosa tigridia.			
672	renoncule pourprée.			
673	rosea crispa.			
674	rubra micans.			
675	roi des pourpres.			
676	rose bleue.			
677	Euphémie.			
678	Ernest.			
679	Corinne.			
680	Martial.			
681	Lucie.			
682	Juliette.			
683	Cornélie.			
684	de l'empereur.			
685	Antoinette.			
686	rembrunie.			
687	Euphrasie.			
688	Diane.			
689	Modeste.			
690	Herminie.			
691	Guérin.			
692	Julienne.			
693	Hélène.			
694	Léon.			
695	Eulalie.			
696	Descemet.			
697	Cynthie.			

Numéros d'ordre.	GALLICÆ.	1re année de floraison.	PRIX. Greffés.	Francs.
698	Gallica rose Lucien.			
699	Juliette (semis).			
700	Emilie.			
701	coquelicot.			
702	jolie.			
703	de société.			
704	Marianne.			
705	Adelaïde.			
706	Clemie.			
707	Elie.			
708	suprême.			
709	monstrueuse.			
710	Adolphe.			
711	Eugène.			
712	Zélie.			
713	Athénaïs.			
714	Ariane.			
715	Delphine.			
716	Pyramidale.			
717	Anaïs.			
718	Marthe.			
719	Pomponne.			
720	Girault.			
721	Restault.			
722	Leroi.			
723	Mariette.			
724	Bizard.			
725	Flon.			
726	Delâage.			
727	Florent.			
728	Lebreton.			
729				
730				
731				
732				
733				

Numéros d'ordre.		1re année de floraison.	PRIX. Greffés.	PRIX. Francs.
	GALLICÆ.			
734				
735				
736				
737				
738				
739				
740				
741				
	S.			
742	Gallica superbe en brun.			
743	triomphant.			
744	en noir.			
745	veloutée.			
746	sans pareille.			
747	subnigra.			
748	surpasse singleton.			
749	tout rouge panaché.			
750	supérieure.			
751	sans défaut cramoisie.			
752				
753				
754				
755				
	T.			
756	Gallica tête de nègre.			
757	temple d'Apollon.			
758	tendre et belle.			
759	triomphe des dames.			
760	ténèbre palpable.			
761	en noir.			

Numéros d'ordre.	GALLICÆ.	1re année de floraison.	PRIX. Greffés.	Francs.
762				
763				
764				
765				
766				
	U. V.			
767	Gallica unique prolifère.			
768	velours pourpre.			
769	noir.			
770	magnifique.			
771	brun.			
772	ombré.			
773	taché.			
774	cramoisi.			
775	violette prolifere.			
776	foncée.			
777	pourprée.			
778	superbe.			
779	rosée.			
780	maculée.			
781	nouvelle.			
782	ombrée.			
783	pyramidale.			
784	variegata.			
785	violacea.			
786	violet magnifique.			
787	panaché.			
788	brillant.			
789	royal.			
790	rose.			
791	crispé.			
792	foncé plein.			
793	violette agaçante.			

Numéros d'ordre.		1re année de floraison.	PRIX. Greffés.	PRIX. Francs.
	GALLICÆ.			
794	Gallica violette d'Harlem.			
795	tendre.			
796	marbrée.			
797	velouté pourpré.			
798	violacea rosea.			
799	velouté crispé.			
800	vermillon.			
801				
802				
803				
804				
805				
	GALLICÆ ACHATINÆ.			
806	Gallica Agathe de Francfort.			
807	carnée.			
808	claire et belle.			
809	Marie Lise.			
810	semi-double.			
811	couronnée.			
812	de Portugal (fausse).			
813	(vraie).			
814	supérieure.			
815	séduisante.			
816	à cœur vert.			
817	prolifere pourprée.			
818	foliacée.			
819	Héloïse.			
820	gentilhomme.			
821	sans pareille.			
822	élégante.			
823	suprême.			
824	nouvelle.			
825	royale.			

Numéros d'ordre.		1re année de floraison.	PRIX. Greffés.	Francs.
	GALLICÆ.			
826	Gallica Agathe beauté renommée.			
827	suprême.			
828	bien aimée.			
829	cœur incarnat.			
830	sans égale.			
831	crépue blanche.			
832	parfaite Agathe.			
833	bouquet d'Agathe.			
834	fleur d'Agathe.			
835	prolifere.			
836				
837				
838				
839				
840				
841				
	INDICÆ.			
	FLEURS ROSES.			
842	Indica rosea simplex.			
843	incarnata simplex.			
844	rosea duplex.			
845	gracilis.			
846	plena.			
847	à feuilles de pêcher.			
848	pumila.			
849	fragrans.			
850	alba.			
851	noisetteana.			
852	à bouquets.			
853	bichon rose.			
854	blanc carné.			

Numéros d'ordre.		1re année de floraison.	PRIX.	
			Greffés.	Francs.
	INDICÆ.			
855	Indica blanc pur.			
856	bichon blanc.			
857	confiture carnea nova.			
	FLEURS POURPRES.			
858	Indica purpurea simplex.			
859	semiduplex.			
860	purpurea plena.			
861	chremisina semiduplex.			
862	plena.			
863	cruenta major.			
864	minor.			
865	cerusi coloris.			
866	Animating.			
867	Bourduges.			
868	pourpre clair.			
869	sanguinole.			
870	atro purpurea.			
871	nigra.			
872	Ternault.			
873	rouge vif (semis).			
874	pourpre laciniée (semis).			
875				
876				
	FLEURS PANACHÉES.			
877	Indica Bengale bichonne.			

Numéros d'ordre.	HYBRIDES DU BENGALE.	1re année de floraison.	PRIX. Greffés.	Francs.
878	Indica paniculata violacea.			
879	crispiflora.			
880	rosea.			
881	à odeur de jacinthe.			
882	Zulmé.			
883	Gracilis.			
884				
885				
886				
887				
888				
889				
890				
891				
892				
893				
894				
895				
	INDÉTERMINÉES.			
896	La Dorothée.			
897	La moderne.			
898	Bouquet chéri.			
899	feu éclatant.			
900	Rose Hortense.			
901	Minette.			
902	Suzanne.			
903	Aglaure.			
904	Hélène.			
905	Cécile.			
906	Justine.			
907	Claire.			
908	Rosette.			
909	Elmire.			

Numéros d'ordre.	INDÉTERMINÉES.	1re année de floraison.	PRIX. Greffés.	Francs.
910	La noblesse.			
911	La gentille.			
912	Beauté incomparable.			
913	Rose princesse.			
914	Pitre.			
915	nouvelle.			
916	La joyeuse.			
917	La duchesse de Brabant.			
918	Blanche violettée.			
919	à cœur vert (nouvelle).			
920	La Kezerine.			
921	La Cumberland.			

www.ingramcontent.com/pod-product-compliance
Ingram Content Group UK Ltd.
Pitfield, Milton Keynes, MK11 3LW, UK
UKHW020521180726
13839UKWH00005B/2234